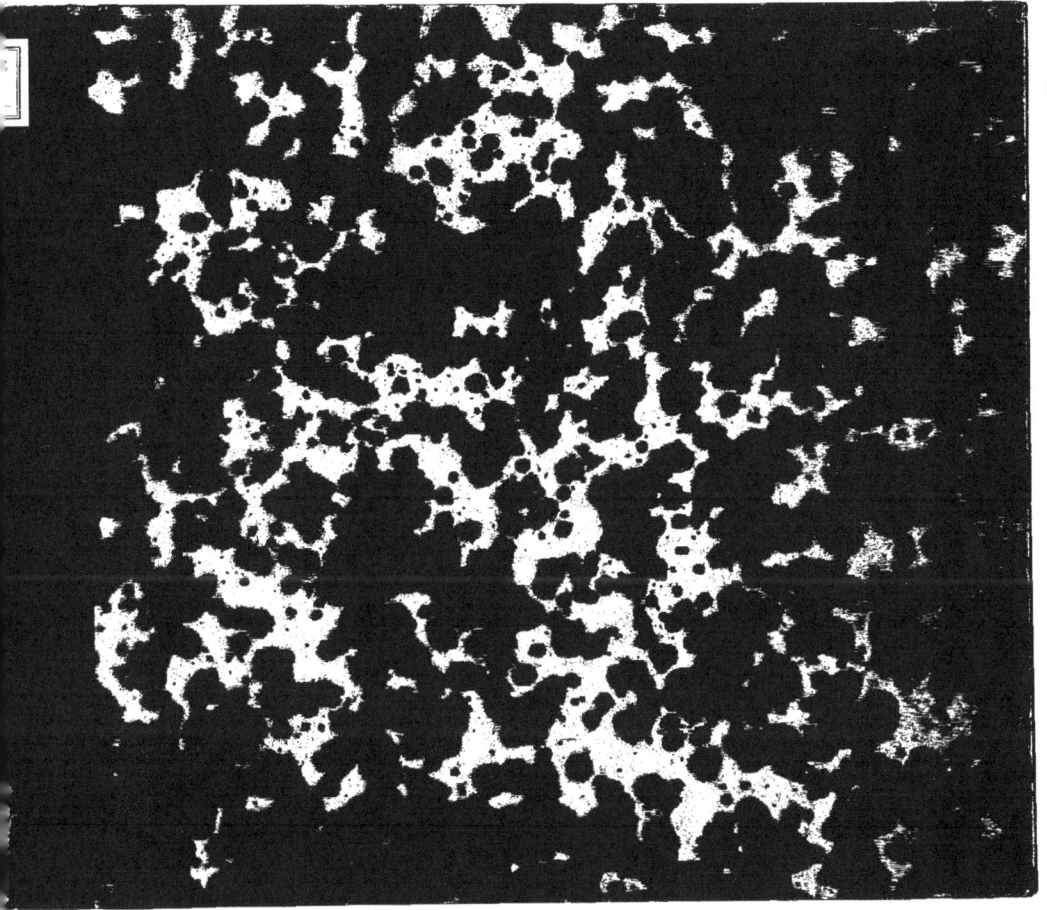

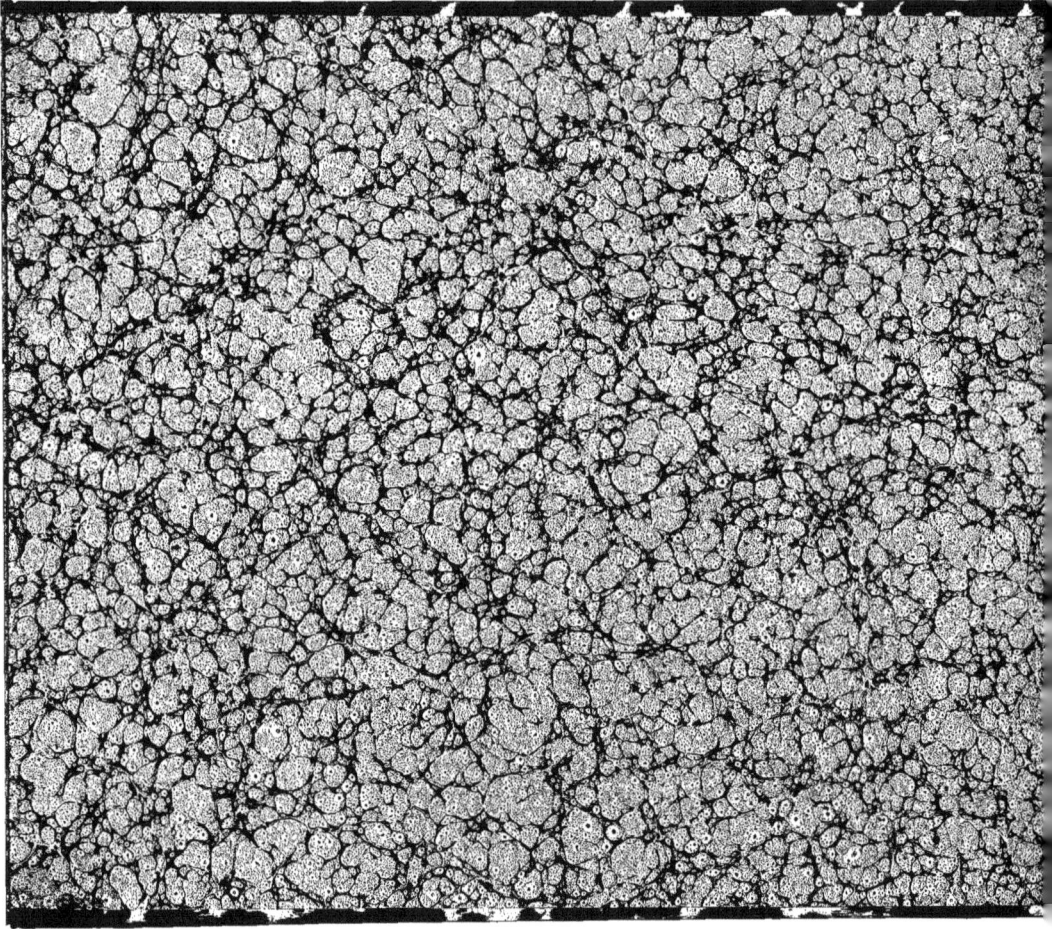

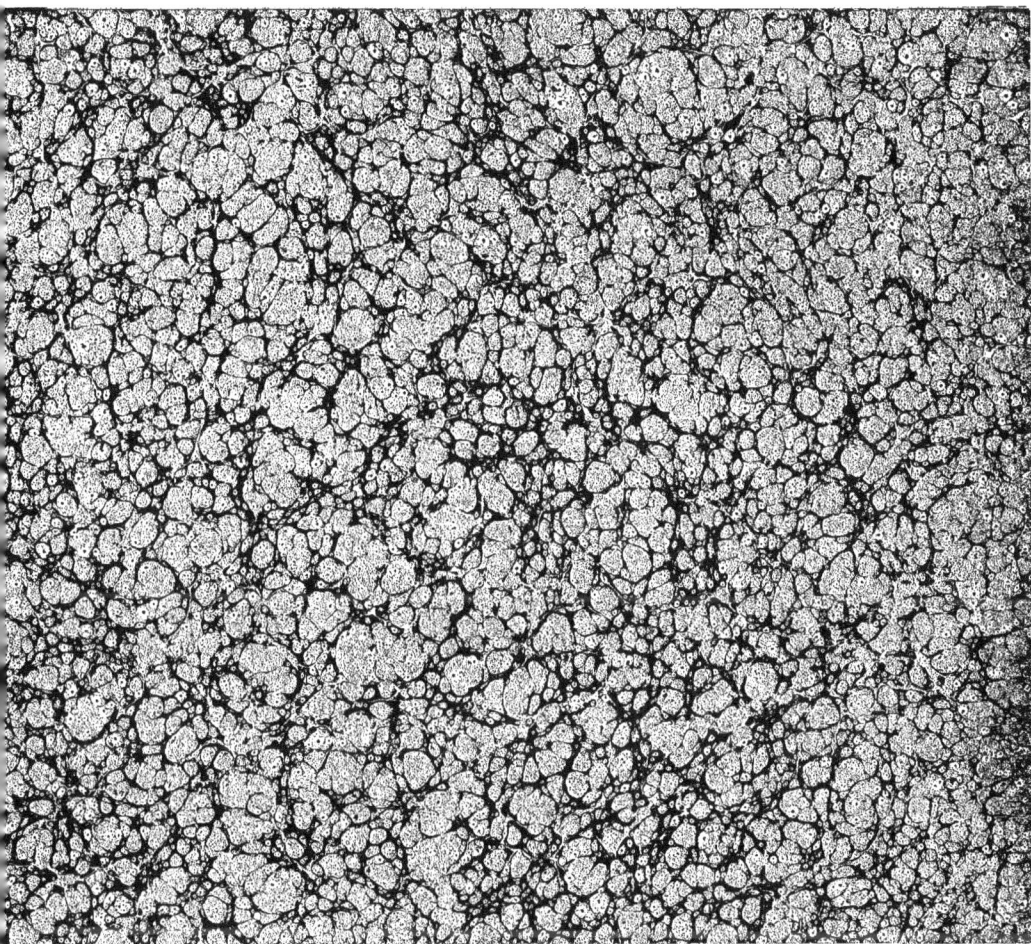

∧

GUIDE
DU GÉOMÈTRE

POUR

LES OPÉRATIONS D'ARPENTAGE

ET LE RAPPORT DES PLANS,

SUIVI D'UN

TRAITÉ DE TOPOGRAPHIE ET DE NIVELLEMENT;

PAR

GOULARD-HENRIONNET,

EX-GÉOMÈTRE DU CADASTRE, ATTACHÉ A L'ADMINISTRATION CENTRALE DES FORÊTS,
POUR LA VÉRIFICATION DES PLANS D'AMÉNAGEMENT.

ATLAS.

PARIS
AU BUREAU DES ANNALES FORESTIÈRES,
RUE GARANCIÈRE, 12;

1849

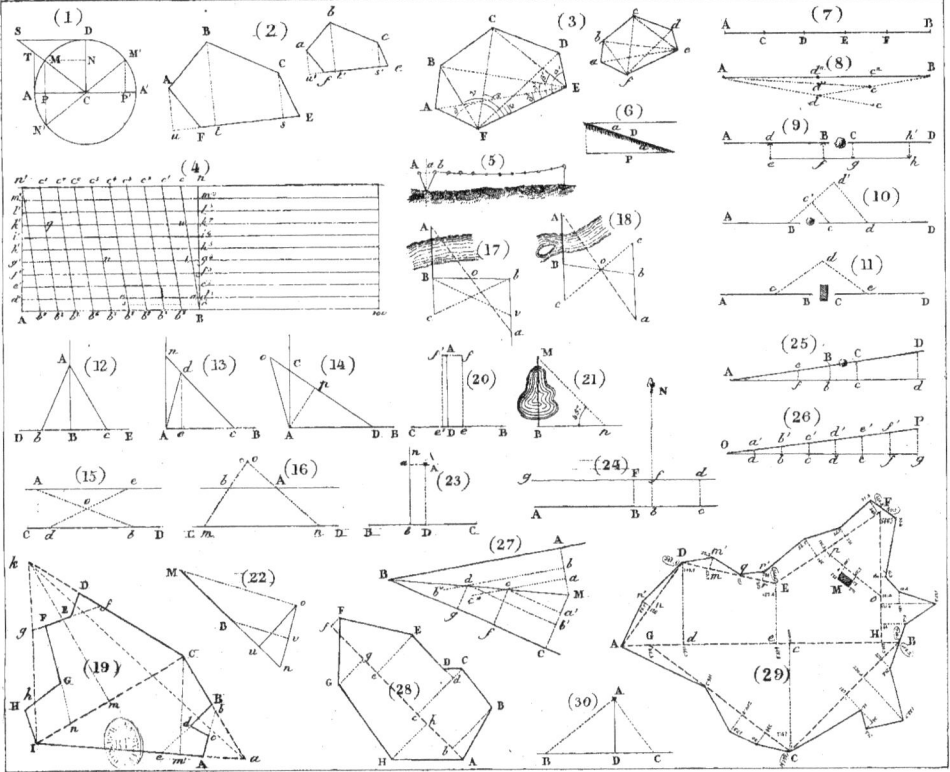

Pl. 11 (Fig 31 à 44)

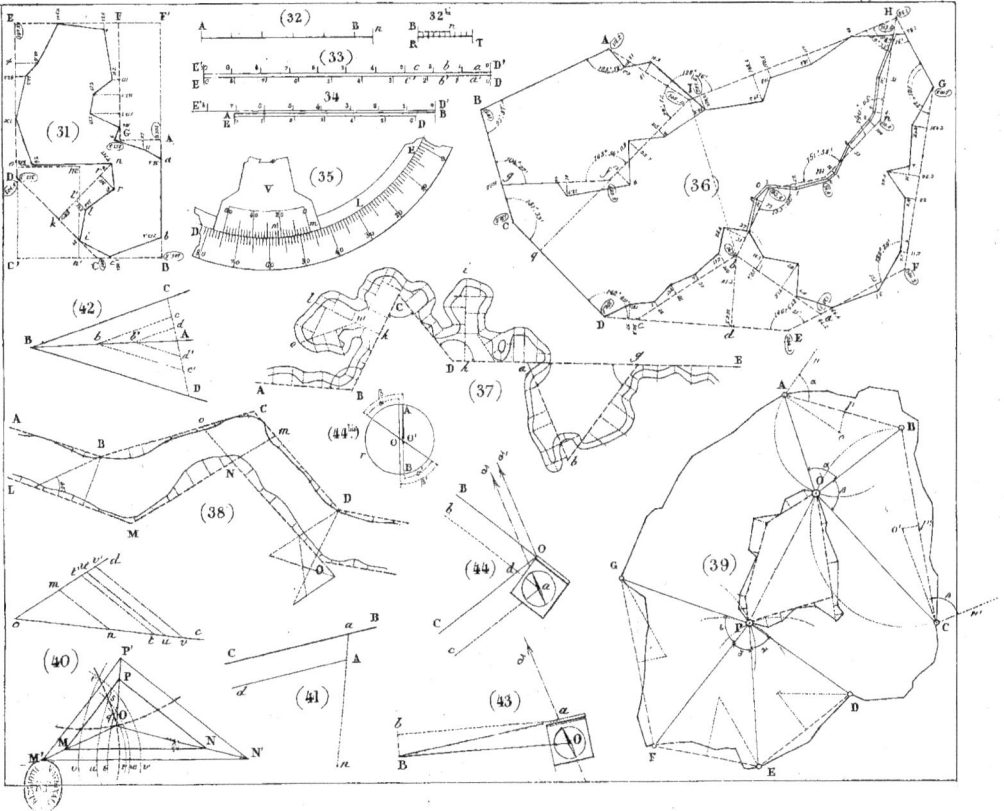

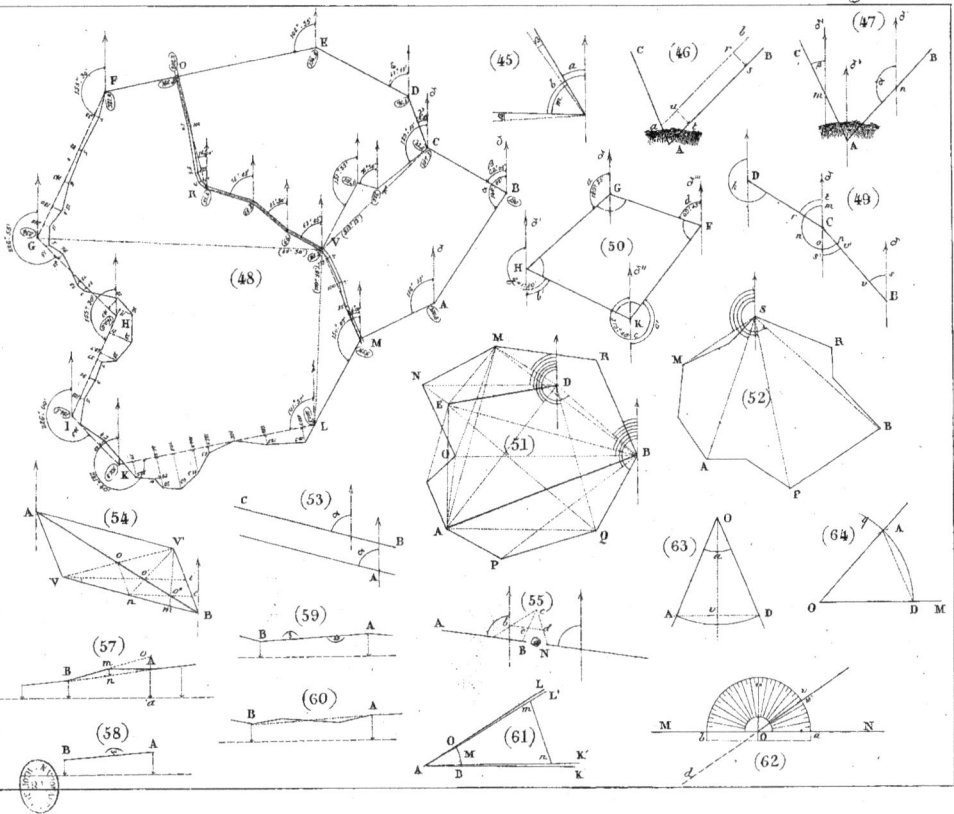

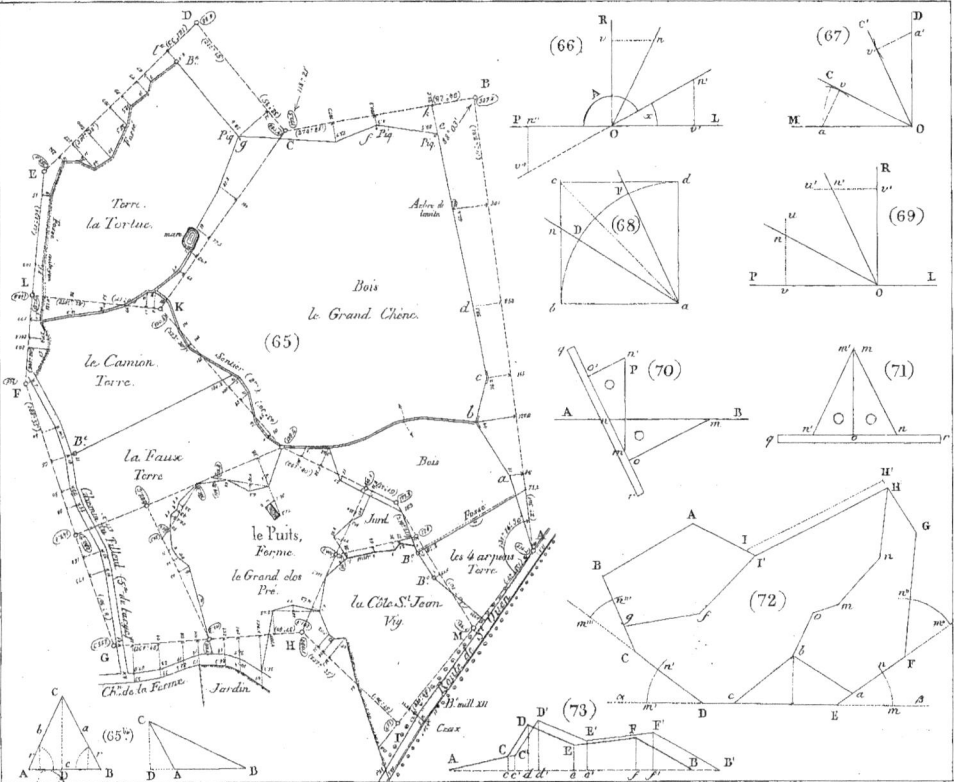

Pl. IV (Fig 65 à 73)

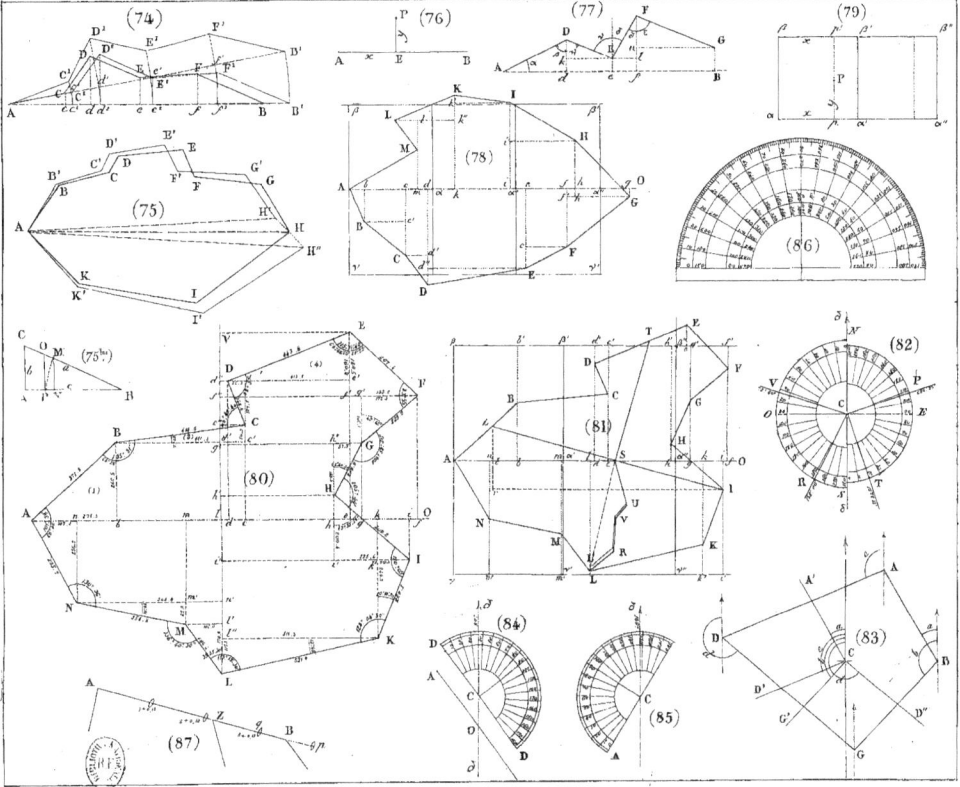

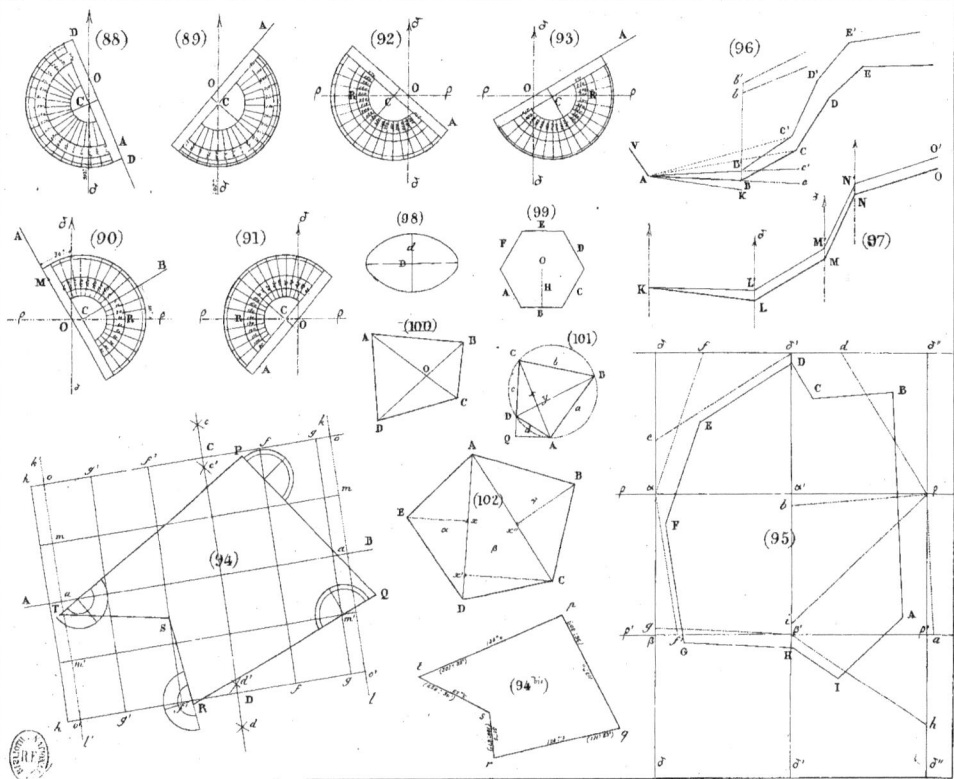

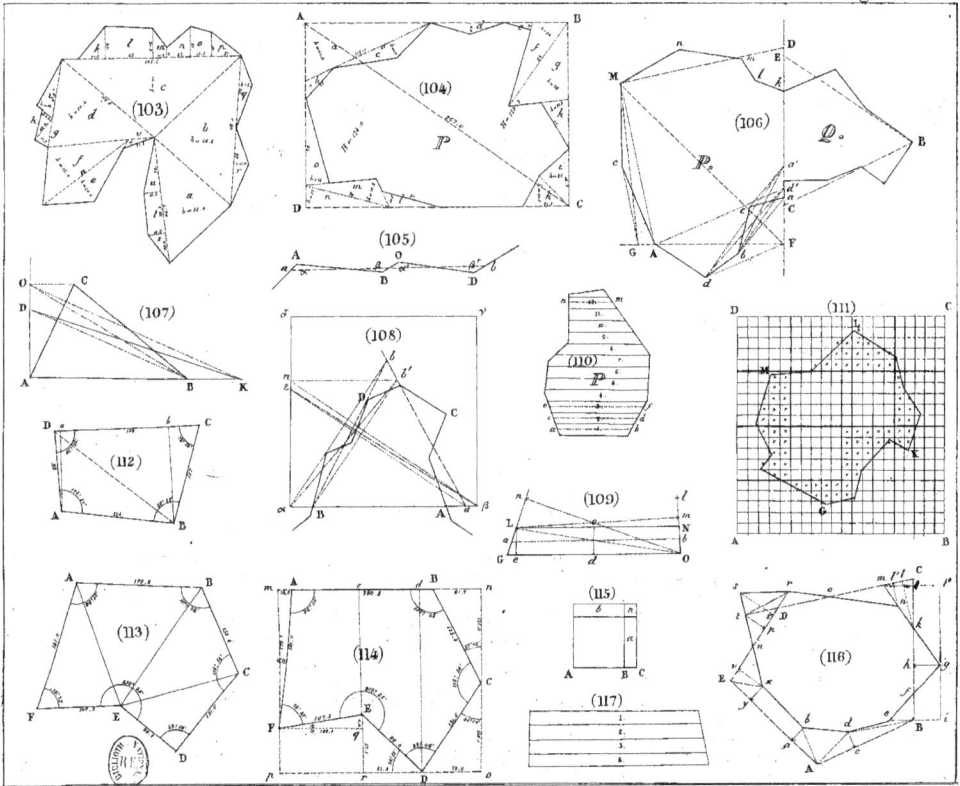

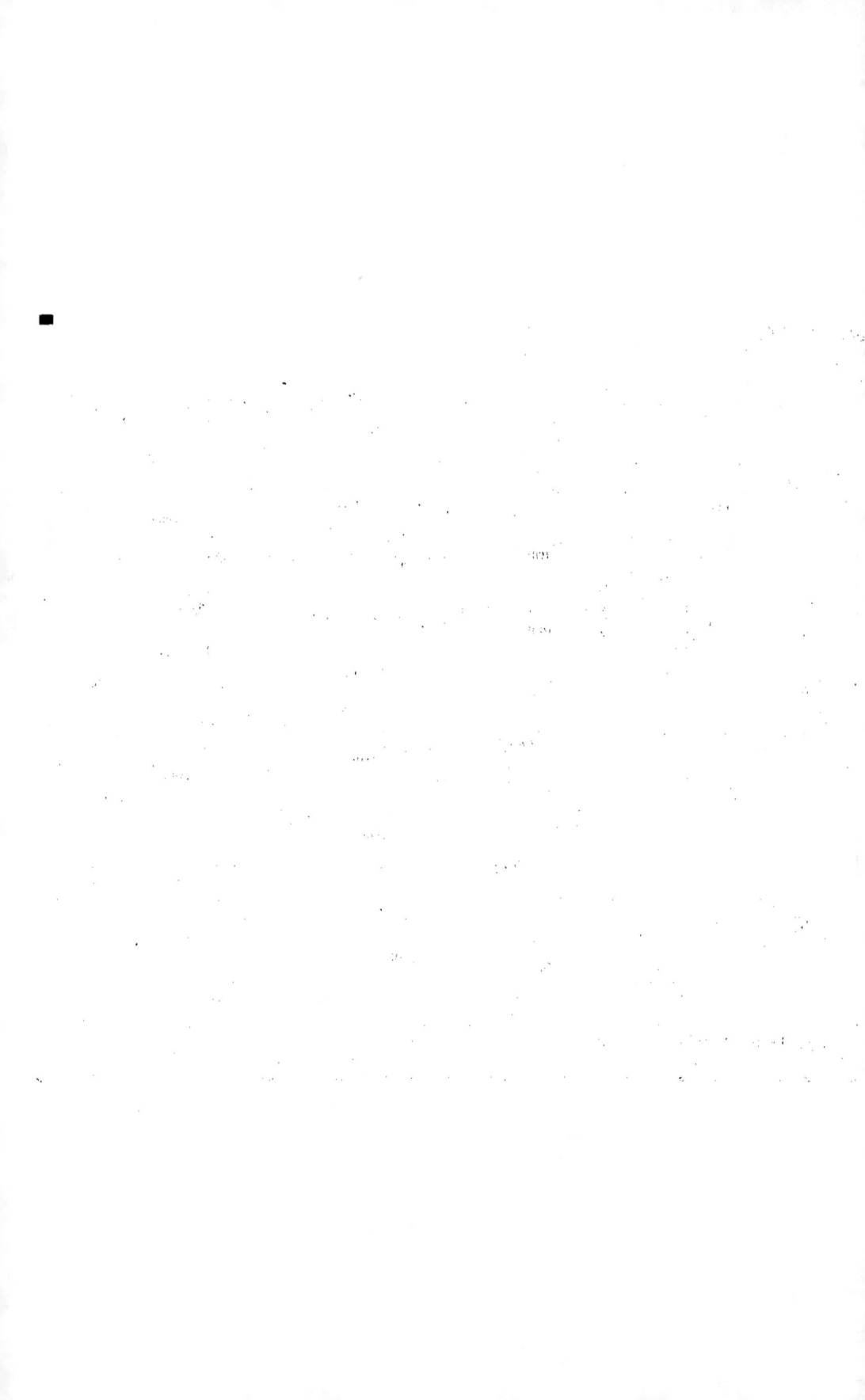

Pl. VIII(Fig. 118 á 132)

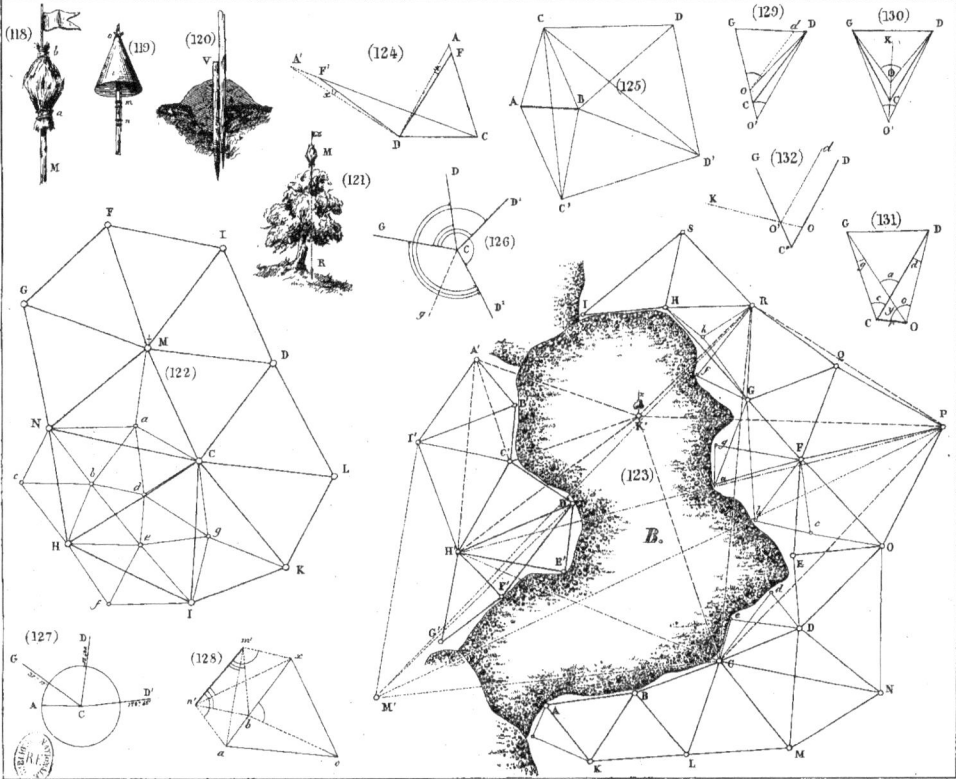

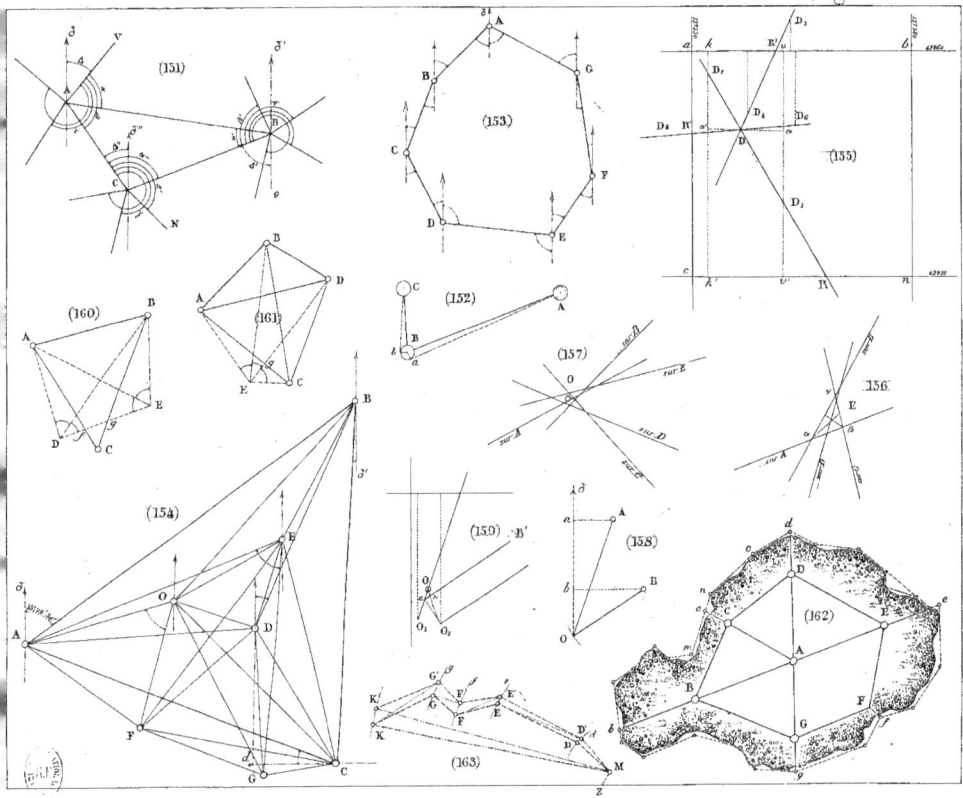

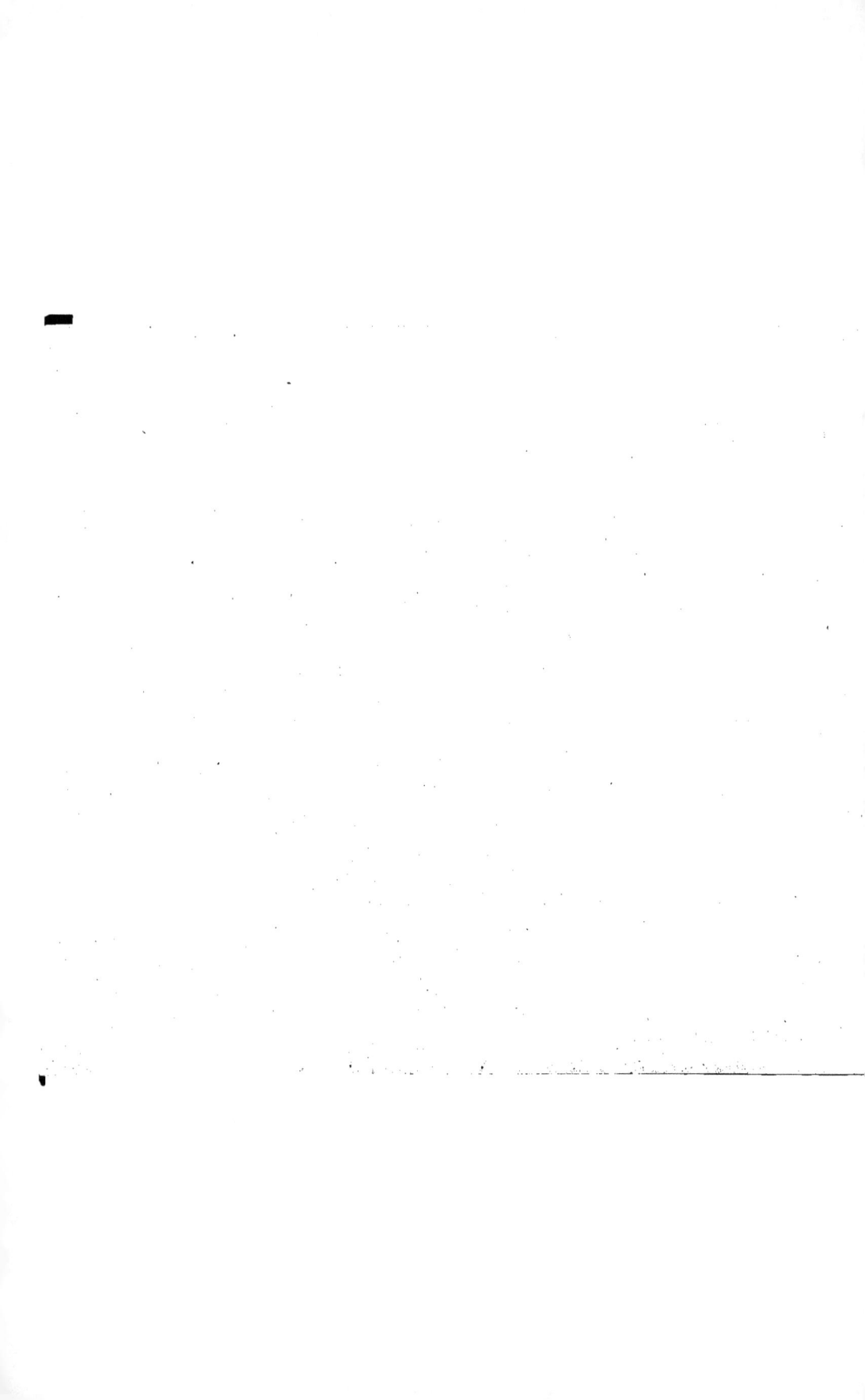

Pl. X. (Fig 133 à 150)

(133)

(134)

NORD.

la Fontaine.

(135)

la Long. Perche.

le Lièvre.

(136)

(137)

la Douve.

le Talus.

Et. Polaire.

(138)

(143)

C. de Bayeux.

le Pain d'Ailla.

le Tuc.

(144)

(145)

(147)

(146)

148

la Butte.

Ext. N.

(149)

(142)

les Chartreux.

Ext. S.

(150)

(139)

(140)

(141)

Pl. XI. (Fig. 164 à 170)

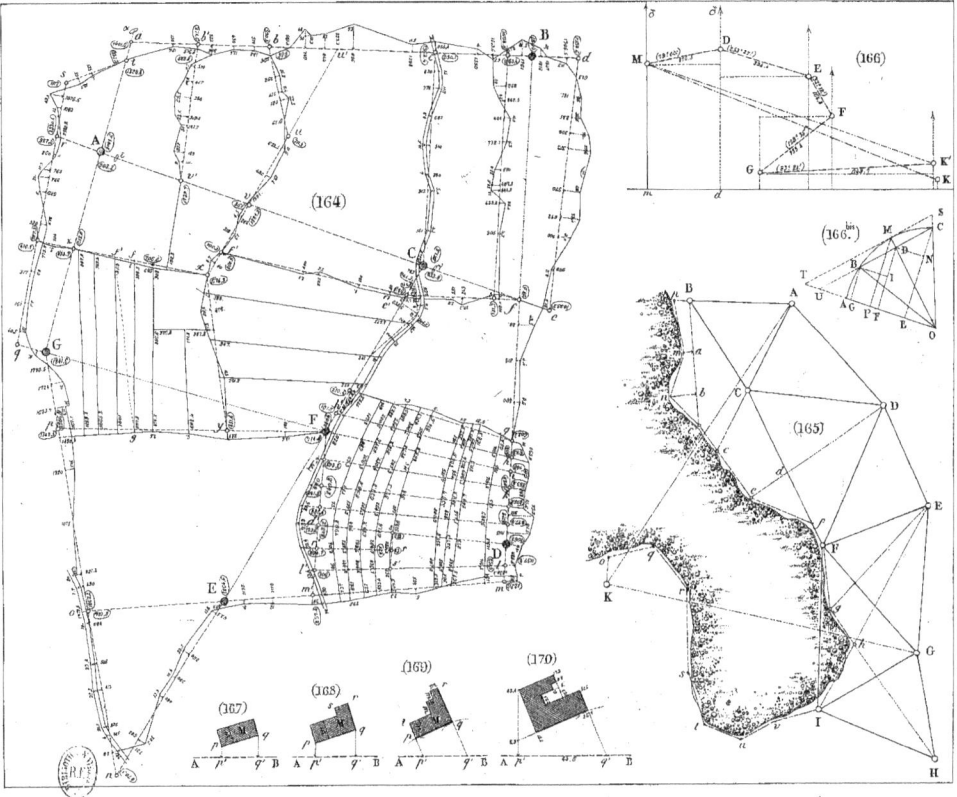

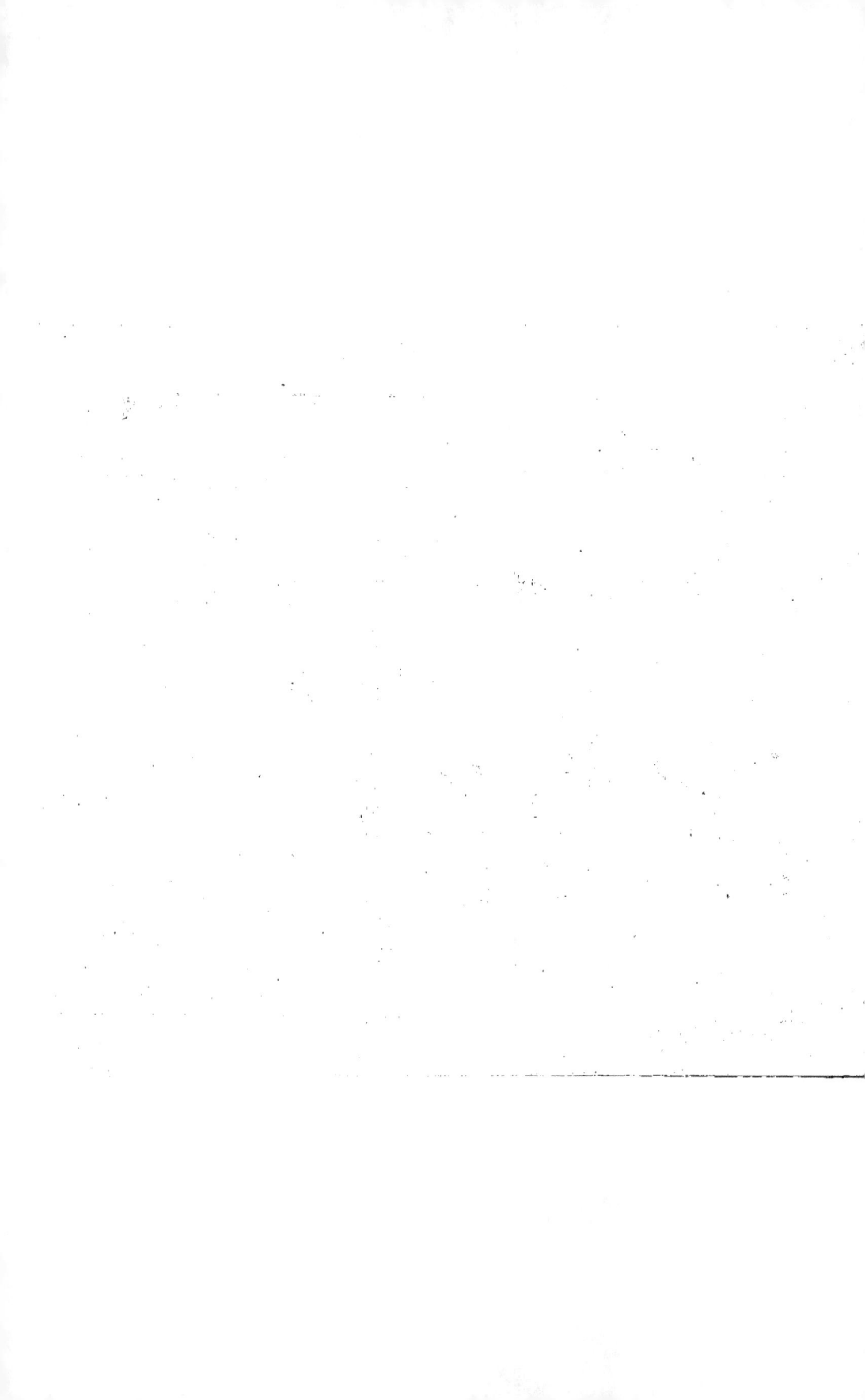

Pl. XII (Fig. 171 à 188)

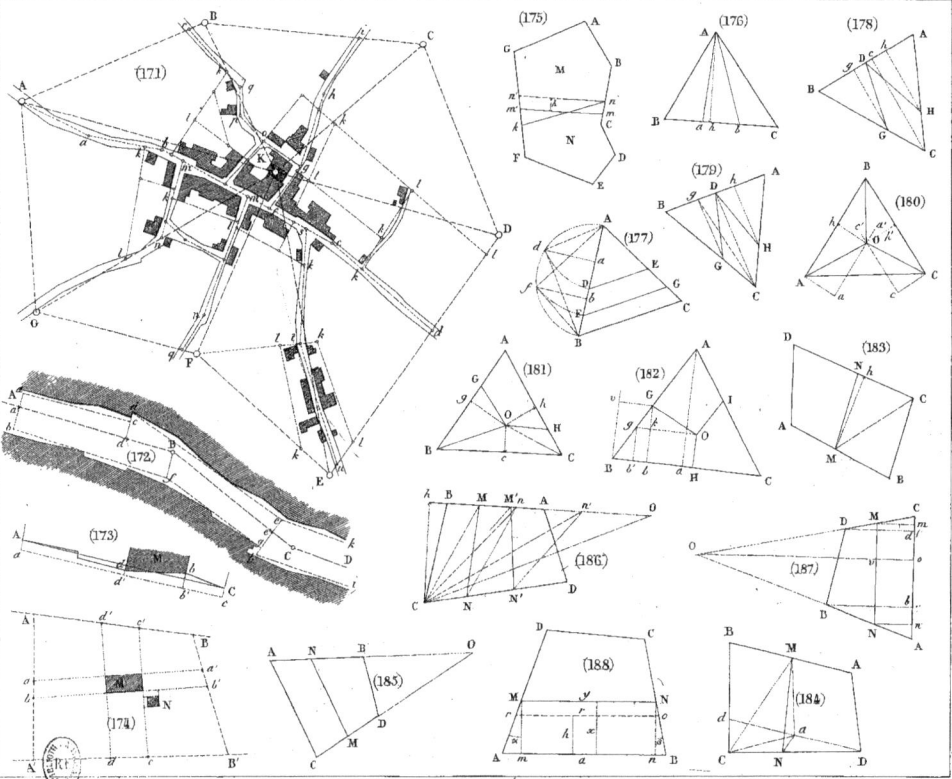

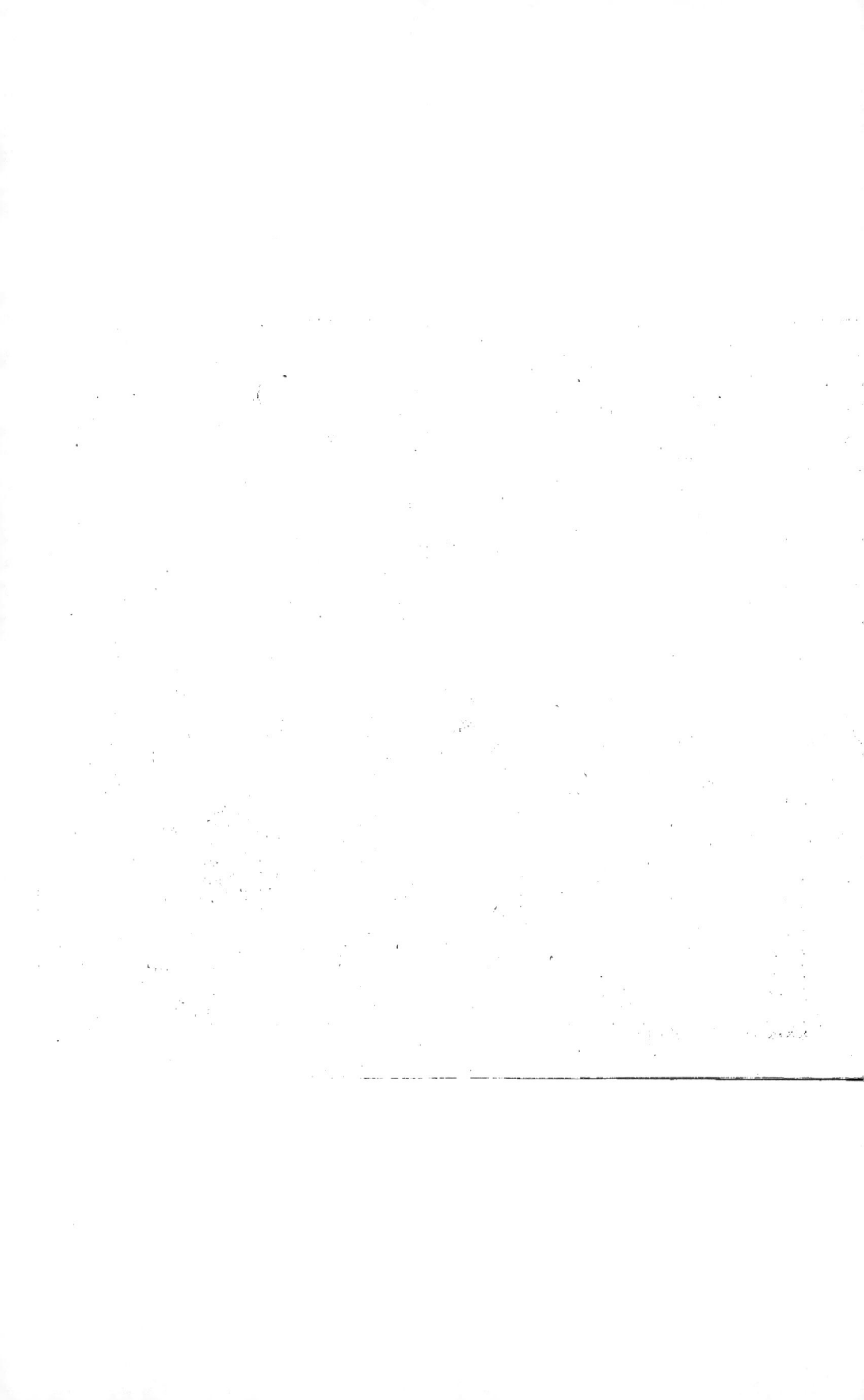

Pl. XIII. (Fig. 189 à 205)

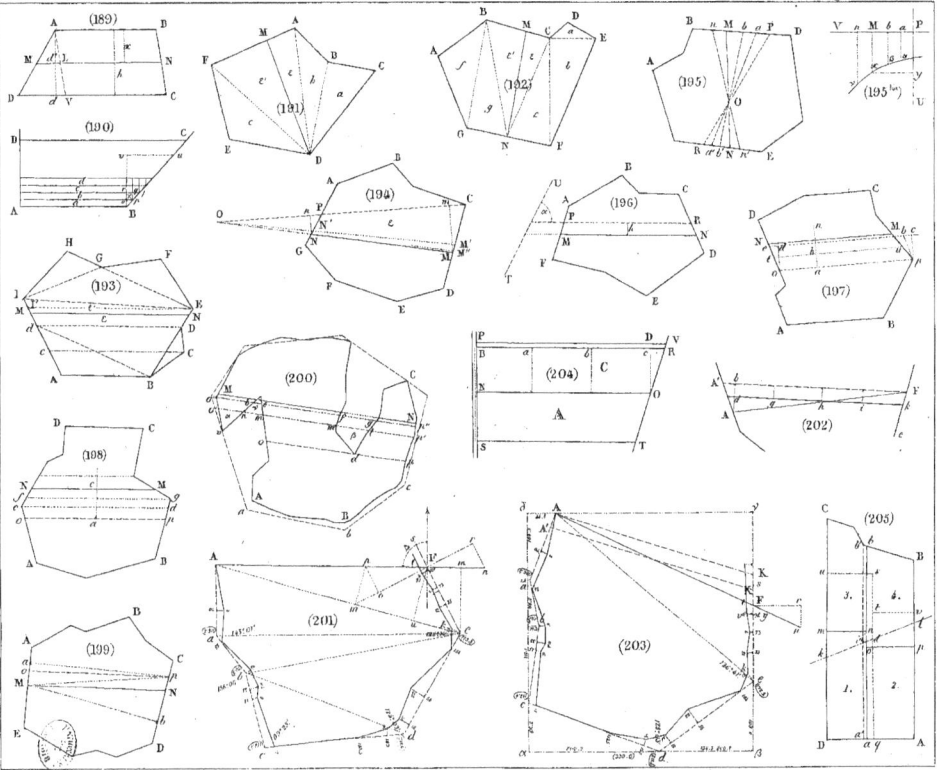

Pl. XIV (Fig. 206 à 216)

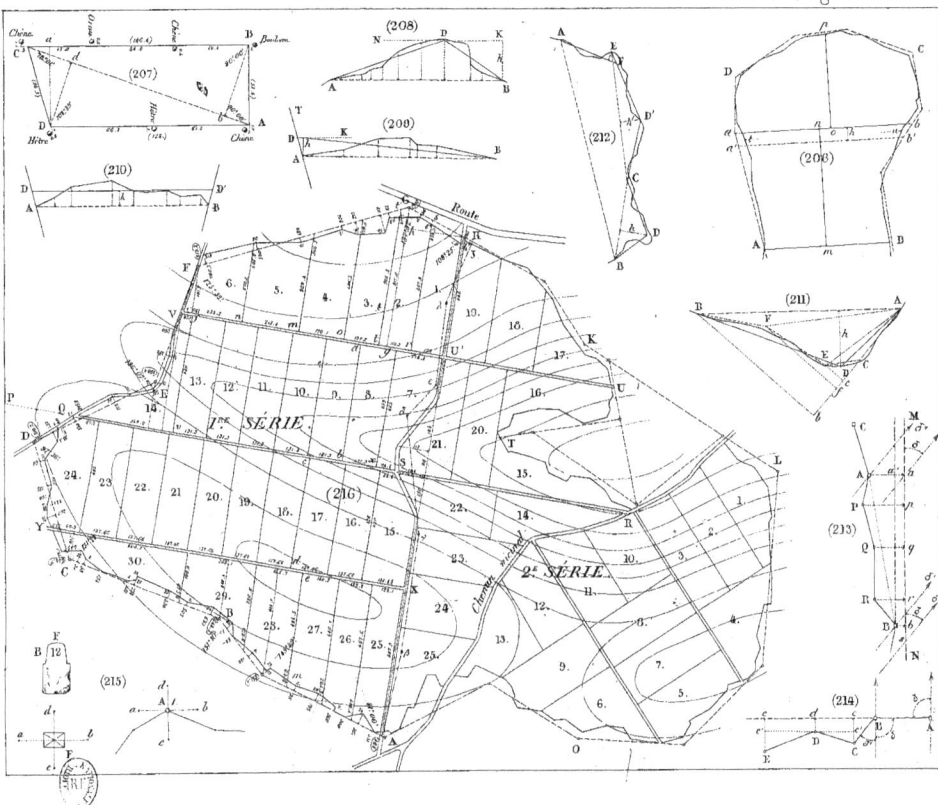

Pl. XV (Fig. 217 à 231)

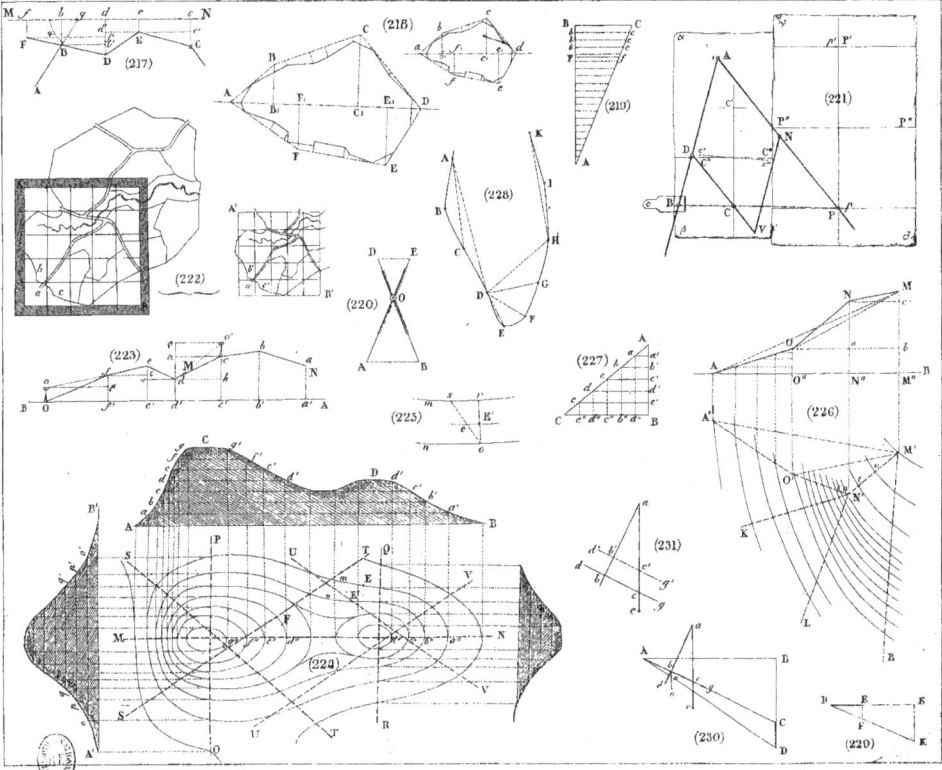

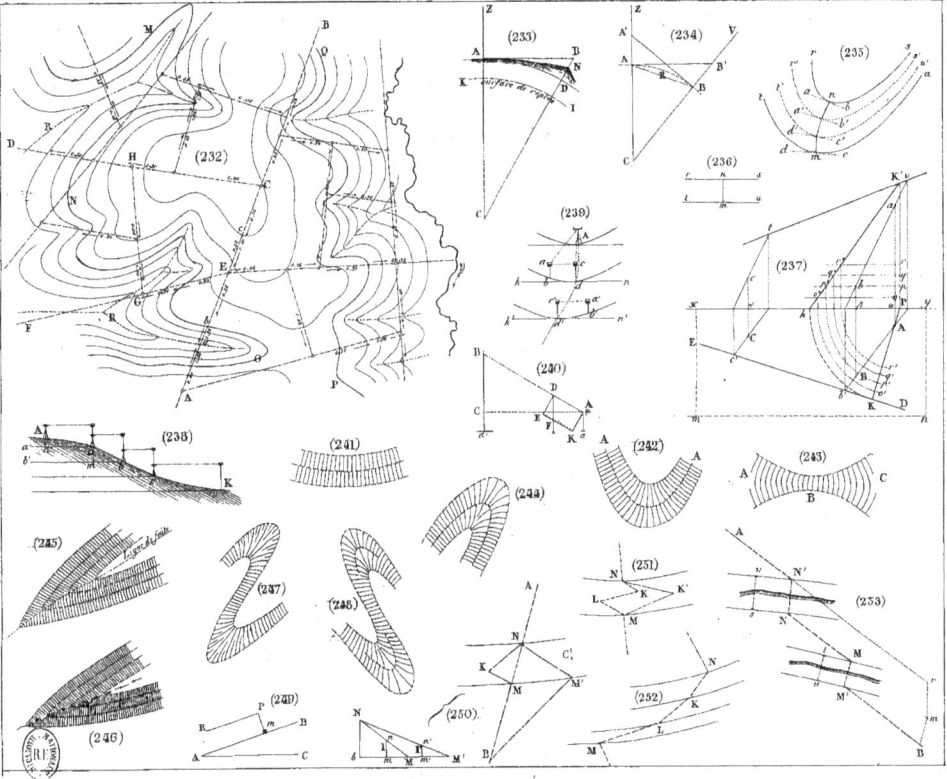

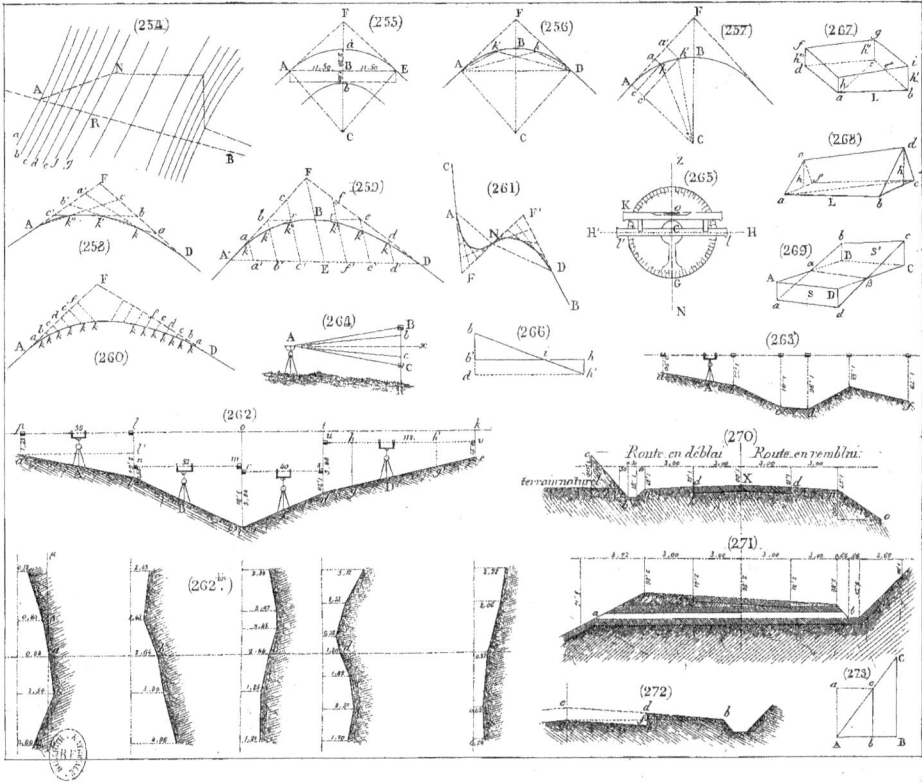

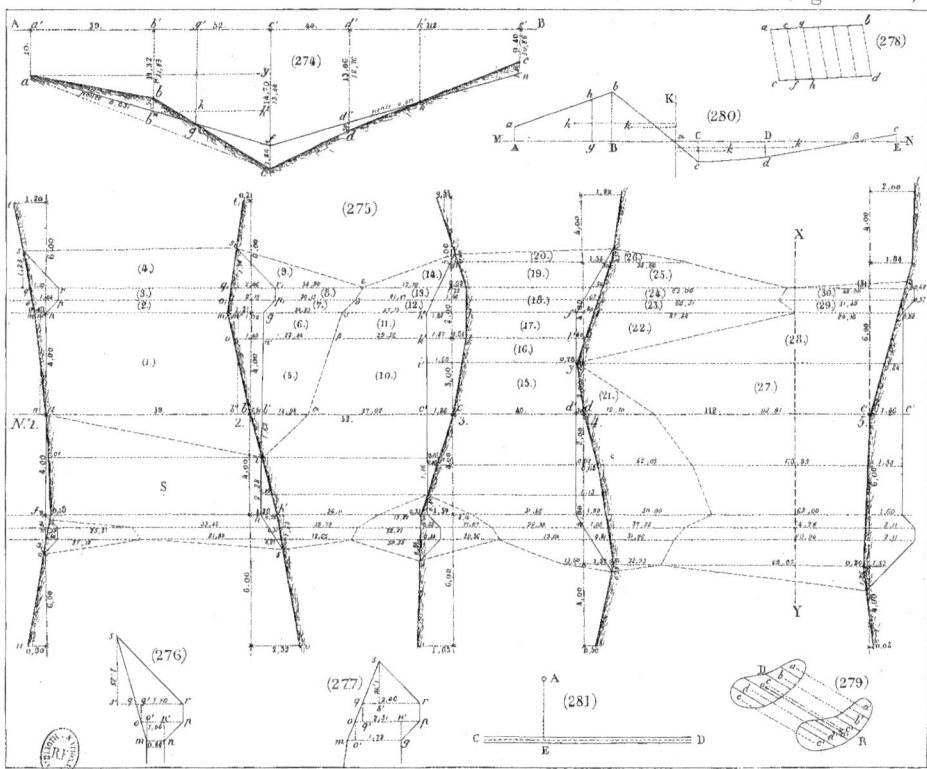

Pl. XVIII (Fig. 274 à 281)

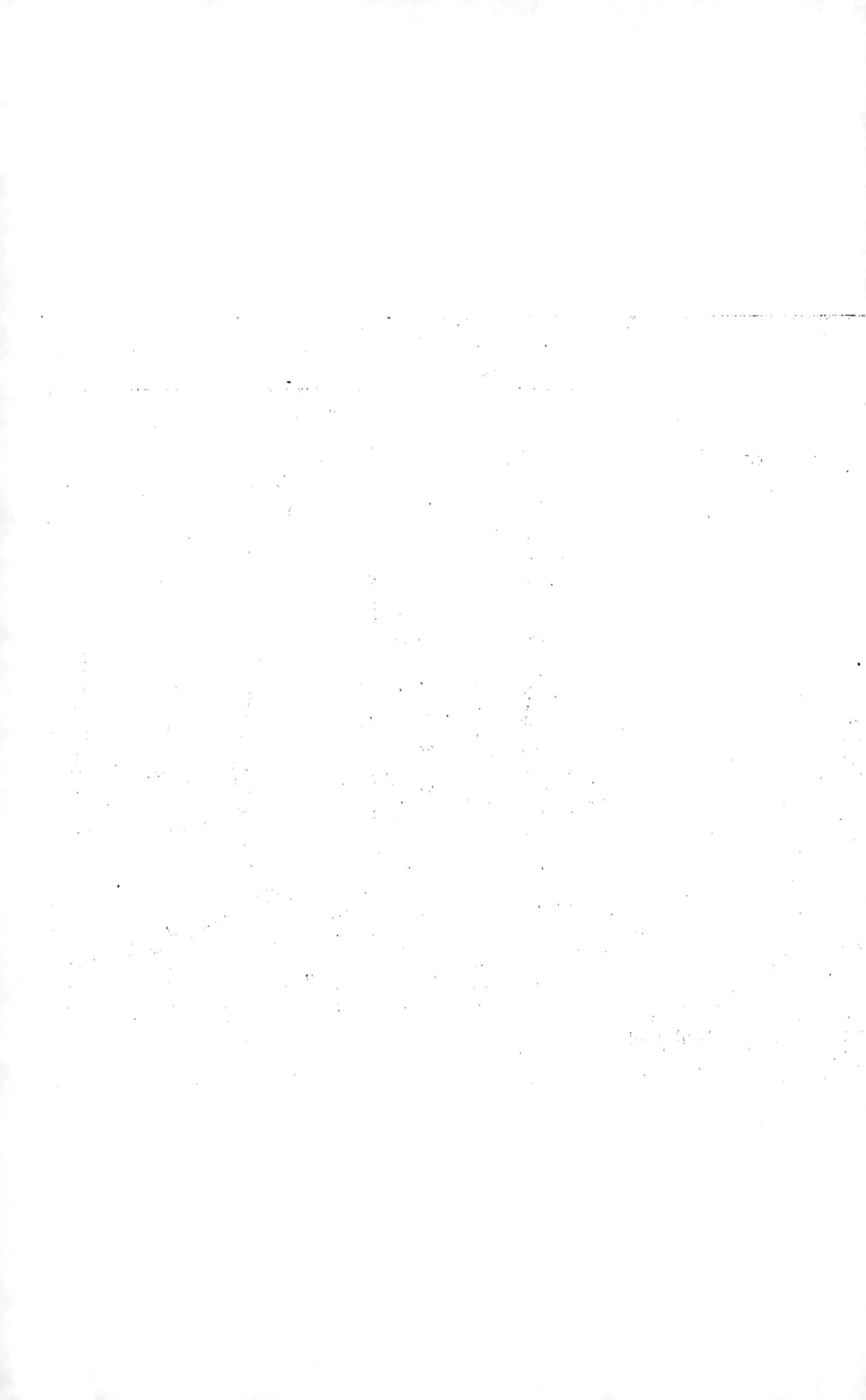

Pl. XIX (Fig. 282 à 296)

Cassis. (286)

avec joint longitudinal   avec canneaux taillés   avec joints croisés

Murs en retour d'équerre

Murs en aile

(292)   (293)   (294)   (295)

Coupe en travers

Tête d'aval

Ponceau ou aqueduc avec entonnoir
à construire sur une route à mi-côte

Guide du géomètre

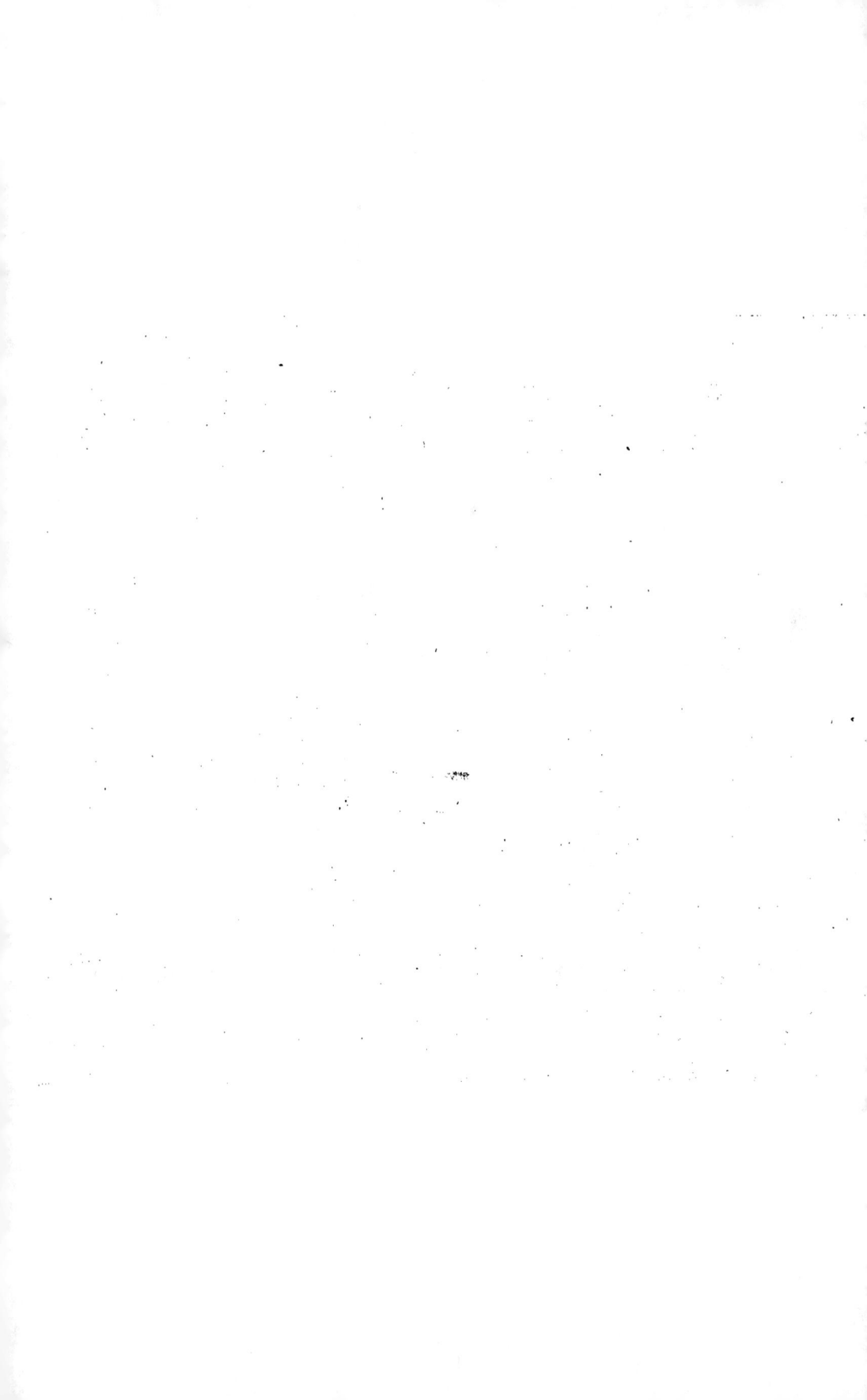

Pl. XX.

Élévation d'une tête.

Coupe longitudinale.

Entaille à moitié bois

(297)

Coupe en travers

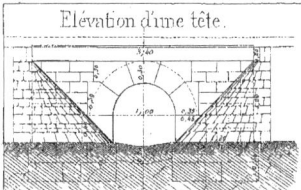

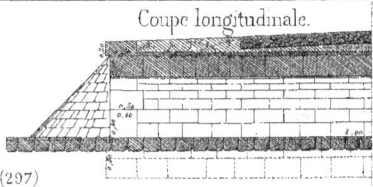

Assemblage à queue d'aronde

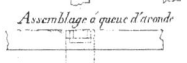

Double queue d'aronde

Plan au dessus du parapet.

Plan au niveau du socle.

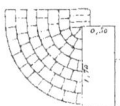

tenon simple

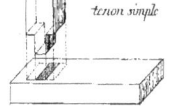

Pontceau en bois. (298)

Pont de Jupiter

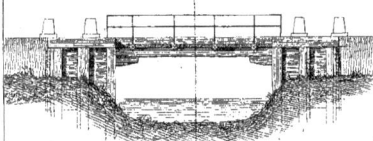

Pontceau en bois avec culées en maçonnerie

les culées prolongées jusqu'au bas des talus de la route   avec murs en retour   (299)

Assemb. en anglet

Plan.   Coupe en travers

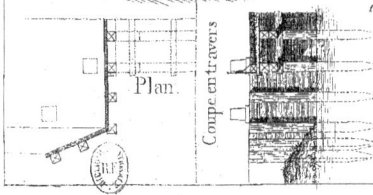

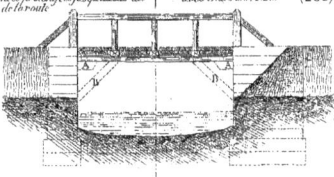

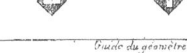

Terres.	Prés.	Bois.	Terres.	Prés.	Vignes.
					Vergers.
Vignes.	Sables.	Rivières, Étangs.	Friches.	Patures.	Bruyères.
		Mers.			
Patures.	Friches.	Bruyères.	Broussailles.	Marais.	Sables et Galets.
Broussailles.	Prés humides.	Tourbières.	Marais salans.	Dunes.	Londes.
		Vase.			

SIGNES CONVENTIONNELS adoptés par le Dépôt G.ᵃˡ de la Guerre.

Pl. XXII.

Pont en pierre.
Pont en bois avec piles en pierre.
Pont tout en bois.
Pont-levis avec abords en pierre.
Pont levis avec abords en bois.
Pont en fer.
Pont suspendu avec piles.
Pont suspendu.
P.ᵗ susp.ᵘ pour les piétons.
Pont de pontons.
Pont tournant.
P.ᵗ de bateaux.
Pont volant.
Bac à traille.
Bac.
Passage de bateau.
Gué pour les voitures.
Gué pour les hommes.

Église.
Chapelle.
Calvaire.
Croix.
Tour.
Phare.
Puits.
Fontaine.
M.ᵘ à vent en pierre.
M.ⁿ à vent en bois.
Moulin à eau.
Forge, Usine.
Fonderie.
Verrerie.
Four à chaux.
Four à plâtre.
Briqueterie et Tuilerie.
Point trigon. { 1.ᵉʳ ord. / 2.ᵉ ord. }
id. { 1.ᵉʳ ord. / 2.ᵉ ord. } des Ing. géog.
Télégraphe.

Borne de limite.
Borne milliaire.   II. mill. XIV.
Clocher.
Clocher servant de point trigonomét.
Arbres isolés { feuillu / peuplier / résineux }
Rocher gravé.
Châlet.
Ruines.
B.ᵘ de poste.
Relai de poste.

Routes
tracées   ouvertes   terminées

Routes pavées.
Routes empierrées
Routes en blocage
Routes en bois

Routes
encaissées   en chaussées

anciennes voies romaines

Bois terminés.
Futaies.   Sapins.   Taillis.

Villages
Maisons, cours et Jardins.

Limites
de Royaume
de Département
d'Arrondissement
de Canton
de Commune

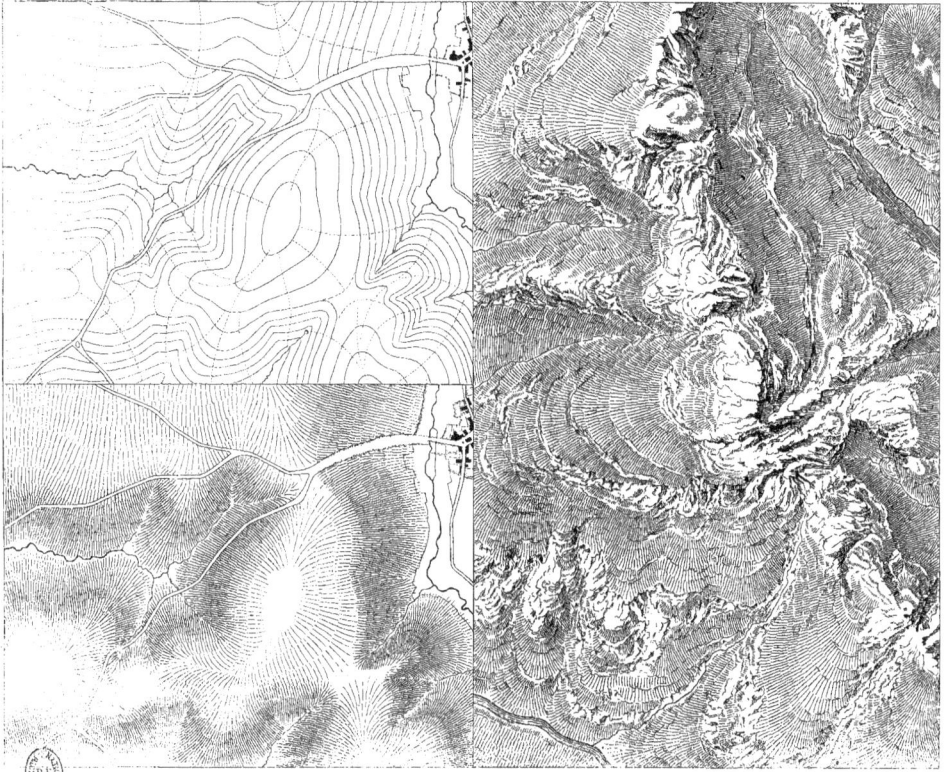

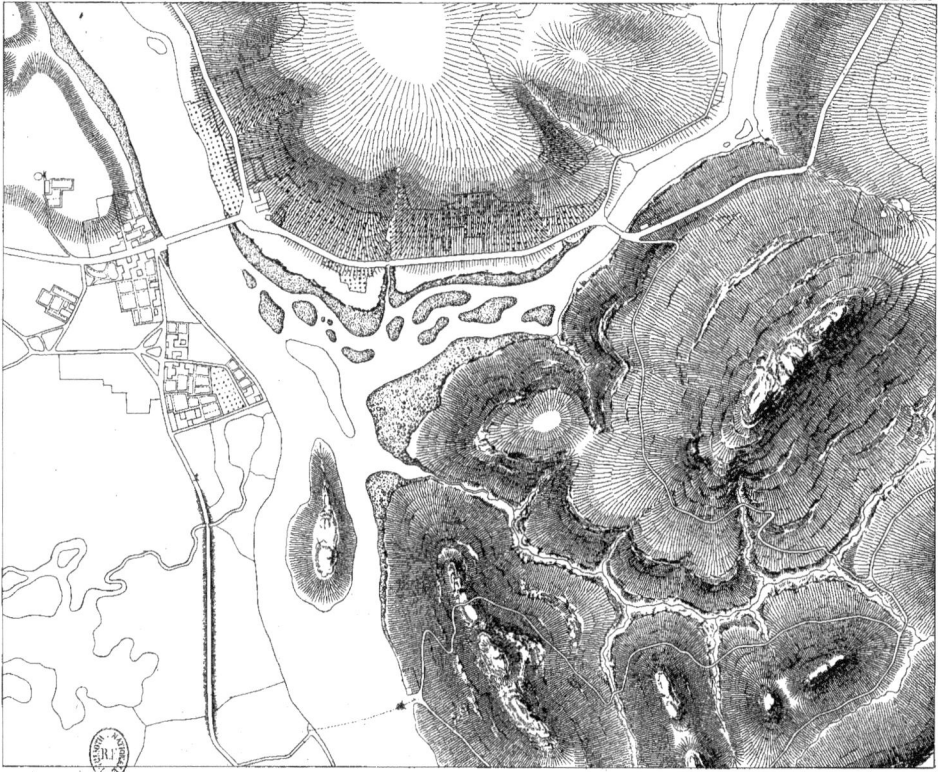

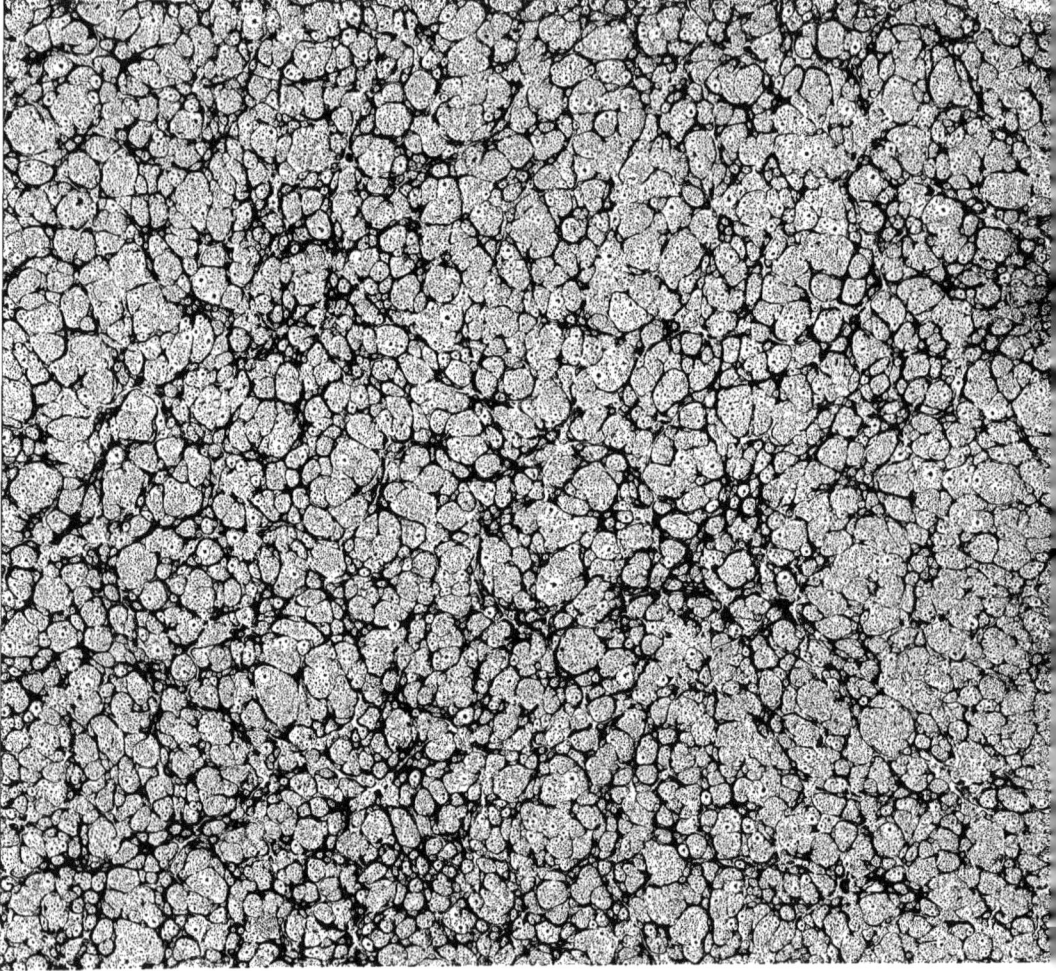

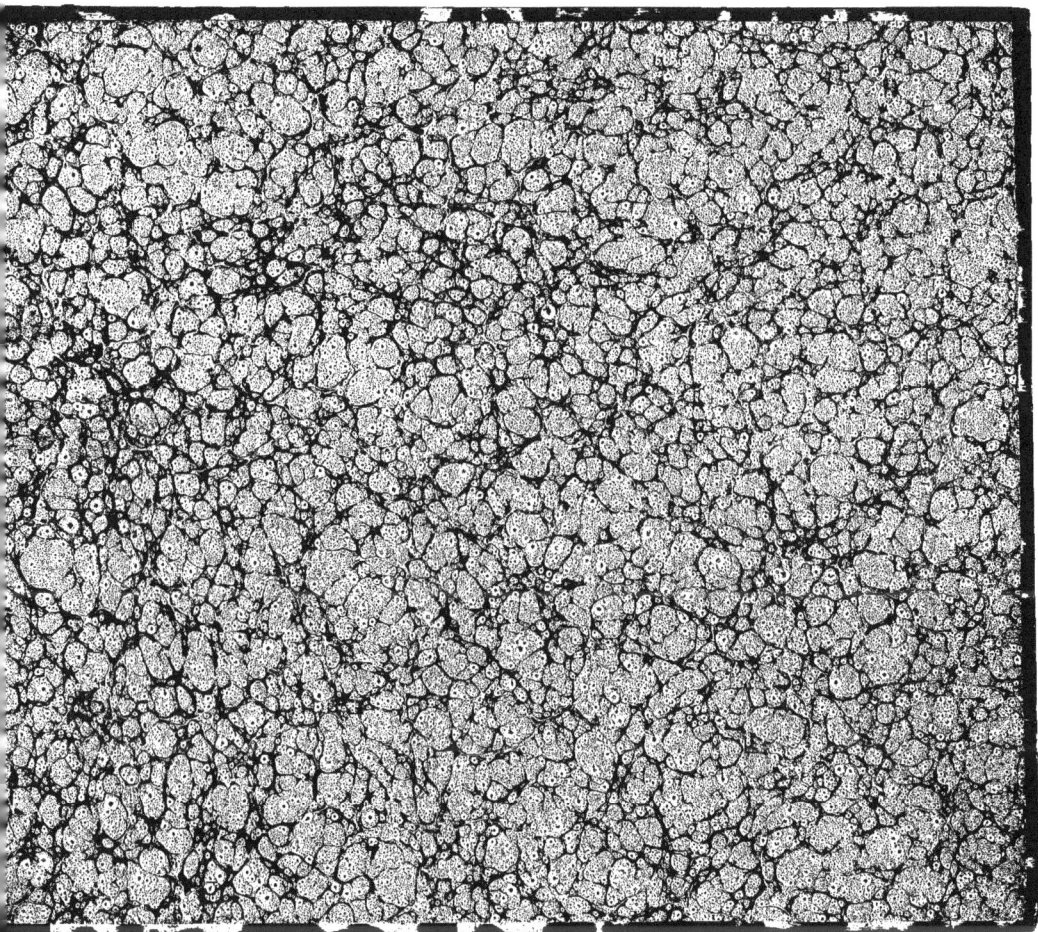